懂懂鸭 著

茶，一片
叔叶里的
中国

名茶辈出

江南茶区

电子工业出版社
Publishing House of Electronics Industry
北京·BEIJING

序 吃茶的上下五千年

茶，作为我国的国饮，已经深深渗入我国五千年的历史文化中了。从神农尝百草初次发现它的药用功效，到唐朝饮茶风俗传向大江南北，传统的中国茶道自此形成。宋朝，人们还在喝茶上玩出了新高度，热闹的斗茶在此时盛行。到了明清时期，制茶和饮茶都走向了简化，人们更爱冲泡散茶，并将饮茶之风带到了世界各地。如今，我国已然成为世界最大的茶叶生产国和消费市场，拥有西南、华南、江南、江北四大茶区。

神农尝百草，茶叶脱颖而出

神农氏亲尝百草，教会人们开荒种地、吃药治病。传说他曾因尝草一天身中72种毒，直到吃到茶叶才得以解毒。自此，人们便把茶叶当药物使用，或将它加入饭菜中。

隋唐时期流行煮茶饼。那时人们煮茶不仅要放茶末，还会放盐、葱、花椒、陈皮等调味料，饮时连茶末一起喝掉，有滋有味。不过，陆羽认为这种饮茶法不雅，推崇单煮茶叶的清饮方式，他还写出了我国第一部"茶叶百科全书"——《茶经》，被尊为茶圣。

煎茶

点茶

宋 点茶法：手打泡沫茶

宋朝人淘汰了煎茶法，而用点茶法。它与煎茶法最大的不同就是不再用锅煮茶末，而是将茶末放入茶盏里，直接用开水冲点，然后再用茶筅反复击打出泡沫。它和抹茶很相似，既可以直接喝又可以用来斗茶。

明清 泡茶法：回归简单的本真

1.投茶

2.洗茶

3.滤茶

4.分茶

明清时期是制茶和饮茶技艺大变革的时代，这时流行散茶、叶茶，红茶、乌龙茶等新茶类先后被创制出来。人们也更爱用茶壶泡茶，且重视冲泡技巧和茶叶本味，并沿用至今。潮汕工夫茶就是泡茶道茶艺的集大成者。

五颜六色的六大茶类

新鲜茶叶都是绿色的，只是因为对茶叶的加工工艺不同，导致发酵程度不同，使得茶叶中的茶多酚被氧化，逐渐产生茶黄素、茶红素等深色物质，才相继出现了绿茶、白茶、黄茶、青茶（乌龙茶）、红茶、黑茶这宛如调色盘的六大茶类。

绿茶

发酵度：0
香气：花香型、清香型、嫩香型
滋味：清淡香扬
茶性：凉性
最佳水温：75℃~80℃
绿叶绿汤——绿茶

绿茶是我国最主要的茶类，它只经杀青（防止变红）、揉捻（整形）、干燥（去湿）这几个工序，保住了鲜叶中大量的天然物质，因此颜色最绿，味道也最新鲜清爽。

白茶

发酵度：5%~10%　★☆
香气：花香型、清香型、甜香型
滋味：清甜爽口
茶性：凉性
最佳水温：75℃~80℃
满身白毫——白茶

白茶主要采用茶芽制作，工序也最简单，只经过晾晒或干燥工序，因此茶形最完整，白毫毛也最多，看起来如银似雪。但它会在后期储存中轻微发酵，滋味比绿茶更清淡回甘。

黄茶

发酵度：10%~20%　★★
香气：嫩香型、花香型、焦香型
滋味：甜爽
茶性：凉性
最佳水温：85℃~90℃
黄叶黄汤——黄茶

把未干燥的绿茶放到湿热的环境中闷黄一小段时间，使它产生轻微的氧化变色，就得到了"黄叶黄汤"的黄茶了。因苦涩的茶多酚减少了，它的茶味比绿茶更平和甘甜。

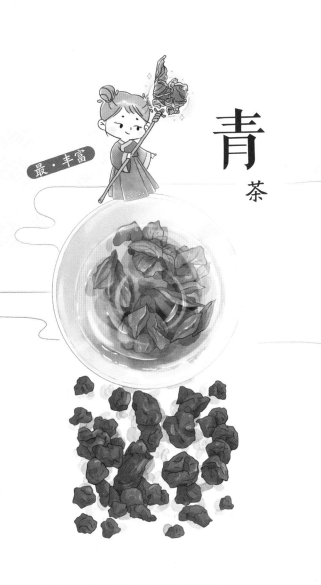

青茶

发酵度： 30%～60% ★★★☆	香气：清香型、浓香型	滋味：香浓微苦	茶性：中性 最佳水温：95℃～100℃	绿叶镶红边——青茶

红茶

发酵度： 80%～90% ★★★★	香气：火香型、焦香型、甜香型	滋味：香浓甜润	茶性：温性 最佳水温：95℃～100℃	红叶红汤——红茶

黑茶

发酵度： 60%～80% 后发酵 ★★★☆	香气：木香型、陈香型	滋味：醇厚甜润	茶性：温性 最佳水温：90℃～100℃	深沉发酵——黑茶

　　青茶（乌龙茶）有一个显著特点——绿叶镶红边，即叶子边缘发酵变红了，但中间还是绿的，因此它属于半发酵茶。它综合了绿茶和红茶的工艺和口味，既清香又浓醇。

　　红茶是全发酵茶，它的茶多酚几乎都被氧化了，产生了大量的茶黄素和茶红素，还增加了单糖、氨基酸和香气物质。因此它不仅"红叶红汤"，而且茶味极其香甜浓郁。

　　黑茶的发酵，是把揉捻后的茶叶直接堆积起来，洒水保温，利用微生物来促进茶叶内含物质转化。它的颜色最深、口味最厚实凝重，常被做成砖茶、饼茶等紧压茶。

俗话说：壶内乾坤大，茶中岁月长。仅仅是冲泡一杯茶都大有讲究。它既要考虑选取什么样的茶具，又要运用精准巧妙的手法来冲泡、分茶，以保证茶的色、香、味俱佳，使品茶者能够充分领略茶所带来的绝妙享受和美妙意境。于是博大精深的茶艺诞生了。

泡茶是门大学问

但凡讲究的茶艺表演，要用到的茶具是非常繁多的。单是冲泡前，就要用到茶海、茶则、茶匙、茶荷、茶夹等备茶、理茶器；冲泡要用茶壶或盖碗；品茶和分茶则少不了闻香杯、公道杯、品茗杯等茶杯。

茶具，种类繁多

紫砂壶

公道杯

茶道用具

客杯

客杯

水盂

散茶荷

茶叶

客杯

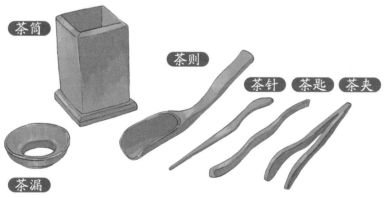

茶筒

茶则

茶针　茶匙　茶夹

茶漏

茶道六君子

　　茶筒（装茶具）、茶则（量取茶叶）、茶匙（挖茶渣）、茶漏（放在壶口，防止茶叶掉落）、茶针（疏通）、茶夹（夹茶杯防烫），合称茶道六君子，一般用竹木做成，是茶道必不可少的组合器具。

大茶壶·烧水

小茶壶·泡茶

大小茶壶

　　烧水用大茶壶，泡茶则用小茶壶（如紫砂壶）。小茶壶做工精细，泡茶更甘甜香醇。

公道杯

　　公道杯是分茶专用杯，敞口大肚，用来均匀衡量每杯茶的浓度、茶量，以示"公道"。

冲泡，没那么简单

如果茶类、茶叶老嫩、水温不一样，那么它们的冲泡法也是大相径庭的。常用的冲法有高冲、低注、回旋、凤凰三点头等，泡法则根据茶具不同分为壶泡法、盖碗泡法以及玻璃杯泡法。

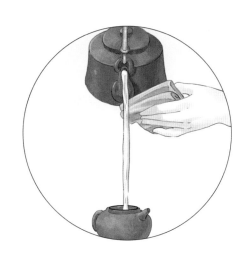

出味——悬壶高冲

提壶从高处往茶壶中注水，水流小而连续，让茶叶随水翻滚，充分受热，挥发出茶味。

保温——低注法

贴近壶口快速注水，意在减少热量损失。常用于红茶、普洱茶等高温冲泡茶。

让茶叶起舞——回旋法

先往茶杯中央注水，再绕杯口旋转注入，使得茶叶上下沉浮旋转，增加品茶情趣。

冲泡方法

用手腕力量将水壶由低至高连续起落，反复三次，使茶叶在水中翻动。

注意事项

1.手肘放平，不要缩手，使其看着美观。

2.倒水时，均匀使力。

3.注水时，注意手腕与手肘需要有不疾不徐的节奏。

好看的茶礼——凤凰三点头

由高至低，上下往返三次注水。这时壶嘴随之一起一落，犹如凤凰点头，又像在行三叩首礼，是泡茶技巧和艺术的结合。

目录

黑茶之乡——湖南

　　湖南东、西、南三面环山，唯有北面是一马平川的洞庭湖平原。省内的湘水、资水、沅水、澧水就从西、南山区发源，最后通过洞庭湖一齐汇入长江。在这里，拔地而起的群山是湖南的脊梁，群山之下是有色金属矿藏的宝库，而一望无垠的洞庭湖则是华中的鱼库粮仓，那些丘陵河谷是茶树的乐土。借助四通八达的水网，这里自唐宋以来就是大宗商品茶的产地。其中，尤以安化的黑茶最负盛名，它历史悠久、产量巨大且品质优良，畅销数百年。

千奇百怪的石头

湘西山地和湘中丘陵是山峰的王国、矿藏的宝库，这里有鬼斧神工的张家界石峰拔地而起，宛如人间仙境，貌不惊人的丘陵地下则埋藏着丰富的有色金属矿石。

金无法人工合成，非常稳定。在矿层中，以金粒最常见，待它脱离岩石流入河中，又会被流水收集、结合成金块。

独立稳重的金

铜矿石常与其他元素组成化合物出现，因此需要精炼提纯才能变成铜。而且它"体质"柔软，延展性好，可以和很多金属组成合金。

"合群"的铜

锑有一个反常的特性——热缩冷胀，因此人们会在铅字合金中浇入液态的锑，待冷却后，铅字便变得膨胀，上面每一个细小的笔画都能清晰凸显。

热缩冷胀的锑

五光十色的有色金属矿

有色金属是指除铁、锰、铬以外所有的金属，它既包括金、银等贵金属，也包括铜、铅、锌、锑等重金属。湖南拥有全国储量最大的锑矿，铜、铅、锌等矿藏也很丰富，是"有色金属之乡"。

"孪生矿物"铅和锌

铅与锌都有很强的抗腐蚀性，铅可以制造蓄电池，锌则能给钢材等镀保护层。在矿层中，方铅矿和闪锌矿就像一对孪生姐妹，总是相伴而生。

铅

锌

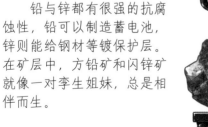

辰砂色彩红艳、光彩照人，古代的画家常用它的红色粉末为颜料作画。但它是炼汞的主要原料，带有慢性剧毒。

颜色鲜艳的毒物——辰砂

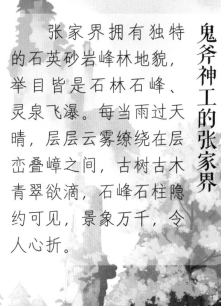

鬼斧神工的张家界

张家界拥有独特的石英砂岩峰林地貌，举目皆是石林石峰、灵泉飞瀑。每当雨过天晴，层层云雾缭绕在层峦叠嶂之间，古树古木青翠欲滴，石峰石柱隐约可见，景象万千，令人心折。

张家界石峰的支柱——石英砂岩

张家界的石峰"体型苗条"却能屹立万年不倒，这要归功于石英砂岩。这种岩石"体质"坚硬，耐久耐腐蚀，还喜欢和硅、铁组成胶质物，从而造就了坚固的基座和"安全帽"。

自带『香囊』的大灵猫

大灵猫的尾下能分泌出油状的灵猫香，它挥发性强、味道持久，是天然的"香囊"。

会变色的木芙蓉

木芙蓉花朵大如人面，早晨初开时花色或白或粉，午后却渐变成深红或紫红色。

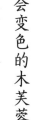

『腾云驾雾』的『神兽』——苏门羚

苏门羚又称"四不像"，当它奔跑时，四蹄就像四个肉吸盘牢牢抓住山石。待到云山雾罩，只见它在悬崖峭壁上灵活跳跃，好似腾云驾雾的神兽。

八百里洞庭鱼米乡

洞庭湖是我国第二大淡水湖，盘踞在长江中游之南，收湖南湘、沅、澧、资四大河流之水，分隔湖南、湖北两省。旱季时，它是大蓄水池，滋润湖湘；一旦长江入汛，它又变成长江的泄洪区，缓解江汉平原和武汉三镇的汛情。湖区良好的水土条件使这里成为物产丰饶、人杰地灵的鱼米之乡、文化圣地。

如玉似雪的洞庭银鱼

洞庭银鱼只有数厘米长，通体莹白透明，无鳞无刺，好似短面条一般。

优哉游哉的中华鳖

中华鳖又叫团鱼，其寿命可长达数十年，一顿吃饱就能支撑很久。平日里不是在水中自在畅游，就是在岸边晒太阳、乘凉风，每天过得悠游自在。

勤恳的小"义工"——金腰燕

金腰燕身上泛着辉蓝光泽，腰部栗黄犹如束了条金腰带。它常到民居屋檐下筑巢，并以苍蝇、蚊子等害虫为食，就像一个勤恳的灭蚊小义工。

天然纤维之王——苎麻

苎麻是天然的纤维植物，用苎麻纤维制成的麻布易透气还有抗菌作用，穿着凉爽舒适。

"泪点"斑斑湘妃竹

湘妃竹竹身布满紫红或黑色斑点，宛如泪痕，传说是娥皇、女英得知舜帝死讯后抱竹痛哭，泪染竹身而成。但其实这些斑点是幼竹被真菌腐蚀后形成的"伤疤"。

鱼米之乡

　　洞庭湖区河网交错，湖泊星罗棋布，非常适合农业生产和渔业发展，因此陆续吸引了不少人前来繁衍生息。他们在此种稻莲，捕鱼虾为食，采苎麻制衣，建岳阳楼观景，赏浩渺湖色、秀丽君山、喧闹龙舟等四时之景，恰似一幅动静相宜的鱼米水乡画卷。

五月水上狂欢——赛龙舟

　　赛龙舟是我国端午节的重要民俗活动，湖南尤以汨罗江畔以及洞庭湖区的龙舟活动最为隆重。每次开赛，先祭龙头，再群龙下水。一声炮响，龙舟手们把船划得似箭飞快，两岸观众人山人海，齐声欢呼喝彩。

悠悠湖湘千载茶

西汉时，湖南人就已经学会自己种茶和饮茶了，当时长沙国的相国夫人辛追还把茶叶加到了自己的陪葬品里。到了唐代，刘禹锡首次在诗中记录了朗州（今常德）山僧炒制绿茶的场景。来到明清时期，品类繁多的安化黑茶异军突起，畅销国内外达数个世纪。同时，湖南也发展了岳州青瓷，它和湘茶相得益彰，造就了源远流长的湖南茶文化。

来自两千多年前的古茶遗珍

在长沙马王堆汉墓出土的三千多件珍贵文物中，有一个貌不惊人的竹篾箱，里面的黑色颗粒经考证后被认定为茶叶。

刘禹锡与最早的炒青绿茶

唐中期，朗州司马刘禹锡迷上了西山寺的绿茶。他每次来访，寺僧都会亲自炒制、煮茗，炒时满室飘香，泡后"白云满碗花徘徊"，品时"清峭彻骨烦襟开"，无疑是极大的享受。刘禹锡为此作了《西山兰若试茶歌》。

最早的青瓷和釉下彩——岳州青瓷

湘阴县是岳州古窑的所在地。晋代时，这里最先采用釉下彩和匣钵腹烧技法烧制瓷器，使得岳州青瓷以釉色青绿、富有玻璃质感闻名于世。

白瓷茶盏

VS

青瓷茶盏

青瓷茶盏大作战

在茶艺中，好茶叶还需要搭配好的茶具，如唐代有六青瓷、一白瓷，陆羽却认为釉色青绿晶莹的越瓷和岳瓷，最适合做茶碗。因为当时流行煎茶法，煮出的茶汤往往绿中泛黄，只有配上青翠晶莹的釉色，才能掩盖茶汤的暗黄，并衬托出青绿可爱的效果。

滑梯状的大灶——柴烧龙窑

龙窑是长条状的窑炉，依山而建，自下而上，就像龙蛇趴伏在山腰上。龙窑分窑头、窑身、窑尾三部分：窑头最小，便于聚火集热；中部最大，左右两侧留有窑门，用来调节空气；窑顶留有两排投柴孔。大的龙窑长达数十米，一次可以烧制数万件瓷器。

窑门

侧面开窑门，调节空气

带着保护罩烧瓷——匣钵腹烧

匣钵是用耐火泥料烧成的圆钵，就是瓷器的保护罩。将瓷坯装到匣钵里再入炉烧制，可以防止气体和有害物质破坏、污损瓷坯，同时还能提高成品率。

给瓷器穿衣上妆——釉下彩

釉下彩是让素瓷坯变美的关键：先要刻画彩绘，再涂透明或浅色釉，最后入窑烧制。烧成的瓷器表面有一层玻璃状的釉膜，晶莹透亮，美丽的图案则被压在釉膜下，似水中观月，色彩经久不褪，因此得名"釉下彩"。

湘茶济济一堂

　　畅销数百年的安化黑茶是湘茶中的王者，还有名声远扬的君山银针、小有名气的古丈毛尖、高桥银锋等，以及天然的代茶饮料藤茶、香浓的姜盐芝麻豆子茶前来助兴，可谓好茶济济一堂，茶业欣欣向荣，好不热闹。

冲泡茯砖茶的茶具

茶夹

茶炉

茶壶

公道杯

茶漏

品茗杯

金花

茶底

茯砖茶冲泡法——煮茶法

1.取茶

2.洗茶

3.煮茶

4.过滤

5.品饮

湘茶王者——安化黑茶

　　安化黑茶的雏形为"渠江薄片"，外形像钱币，茶色如铁，茶香浓郁，一度被列为贡茶，主要产品有茯砖、黑砖、花砖、青砖花卷等。

真菌造就的奇茶——茯砖茶

　　茯砖茶表面常有金黄色斑点，它是茯砖的"金花"，名叫冠突散囊菌，可以催化茶叶中的淀粉变为单糖，并促进茶多酚转化，使茶不苦涩。制茯砖时，茶砖松散，慢烘干，以便"金花"繁殖，称"发花"。

经历"千锤百炼"的"长棍茶"——花卷茶

　　花卷茶的加工和包装是同时进行的，先用蓼叶、棕片包裹毛茶，再装入竹篾，反复绞、压、踩、滚、捶竹篓，就变成了结构紧实的"长棍"。根据茶量，又分为百两茶、千两茶等产品。花卷茶黑润泛红，茶汤红黄明亮，茶味醇厚，还能闻到淡淡的蓼叶、竹黄和糯米香。

剥开看看

1.竹篾

外层包裹篾竹塑形

18

连梗带叶的藤茶——
茅岩莓茶

茅岩莓茶并不是茶，而是用藤制成的代茶饮品。它连梗带叶，好似枯树藤，但茶饮味道独特。品一口，苦涩中带着淡淡的青草香。再品几口，却有一种甜味弥漫口中，先苦后甜。

茶底

干茶

连梗带叶采摘

金镶玉，黄翎毛——
君山银针

君山银针是洞庭湖君山的特产黄茶，"芽身黄似金，茸毫白如玉"。冲泡后，茶叶上冲下落，如同随风起舞的黄翎毛。品茶时，最先闻到一股清香，然后舌头瞬间就被清爽的茶味俘获了，其中还有淡淡的甘甜味。

香浓的姜盐芝麻豆子茶

姜盐芝麻豆子茶是湘阴的小吃，其中茶水是底料，盐姜是调味料，炒芝麻、豆子则是"香料"。满饮一口，咸、辣、香、脆、爽五感同时袭来。

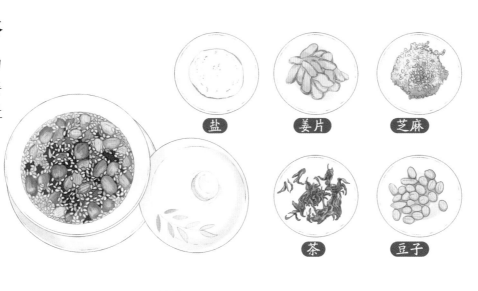

盐　姜片　芝麻

茶　豆子

茶汤

茶底

干茶

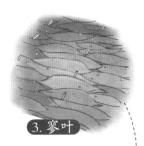

3. 蓼叶

有利防水防尘

2. 棕片

有利透气防潮

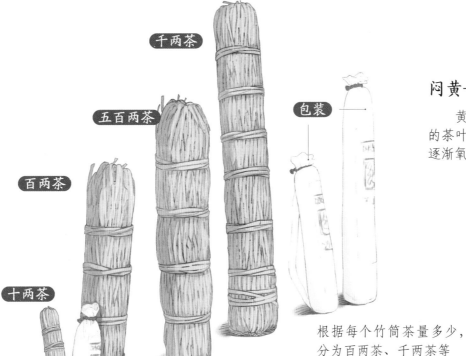

千两茶

五百两茶

百两茶

十两茶

包装

根据每个竹筒茶量多少，
分为百两茶、千两茶等

闷黄——黄茶的特有工序

黄茶只比绿茶多一道"闷黄"工序。将杀青或初烘后的茶叶，趁热堆积捂盖数小时，使得茶叶在湿热的环境下逐渐氧化变黄，茶香也会更加醇厚。

机械制茶时代的先行者——湖北

在湖北，西有武当山、神农架，东有大别山、幕阜山，名山环列；中部却大幅度下沉为广袤的丘陵和平原。被湍急的长江及支流汉江从西面带来的泥沙逐渐沉积成一马平川的江汉平原，几乎和洞庭湖平原连成一片。这里河湖纵横，土地肥沃，是湖北的粮仓和茶市。号称"九省通衢"的武汉就坐落在长江与汉江的交汇处。自近代开埠以来，交通便利的武汉很快成为客商云集的繁荣茶市，集湘、鄂、赣、皖四省茶叶，并带头开启了我国的机械制茶时代。

深山藏奇珍

　　鄂西是群山叠嶂的世界，以中部最高峰神农顶为中心，由北至南分列武当山、神农架、荆山、巫山、武陵山等众多高山。其间森林茂密，河谷幽深，鸟兽成群，隐藏着难得一见的奇珍异兽。

空中霸主——金雕

　　金雕是猛禽中的大块头，翼展2米有余，是名副其实的"空中霸主"。捕食时，它的飞行速度能达到每小时300千米，而且还能长距离追逐猎物。

七叶一枝花

　　七叶一枝花每七片叶子托着一朵花，花瓣细长像金丝带，因此又叫金线重楼。

古代蒙汗药——曼陀罗

　　曼陀罗花像小喇叭，颜色或白或粉或紫，煞是可爱。曼陀罗全株都有毒，误食后能使人麻痹、昏迷甚至死亡。古人常用它制造麻醉剂和蒙汗药，可用甘草汁缓解。

以悬崖为家的金钗石斛兰

　　金钗石斛兰的茎干似藕，花朵艳丽，是濒危的名贵中草药。但它喜欢长在悬崖峭壁上，采摘不便，药农常需攀爬悬崖才能采到，因而显得十分珍贵。

七十二峰朝金顶

　　武当山最高峰天柱峰位于群峰中央，四周的72座小山峰好似俯身朝中央行朝拜礼，因而被称为"七十二峰朝金顶"。古时，这是天柱峰地位至高无上的象征。

"天然药库"武当山

　　武当山的高度并不突出，但由于古往今来受众多隐士道人的青睐，积累了较高的宗教声望，成为道教名山。山上五里一庵、十里一宫，朱墙翠瓦，楼台隐映。山中还藏着一座庞大的"天然药库"——这里的药用植物多达六百多种，还有金钗、曼陀罗、七叶一枝花等名贵药材。

神秘莫测的神农架

神农架南临长江，北望武当，最高峰神农顶高达3105.4米，是"华中第一峰"，傲视群山。山内莽莽苍苍的原始丛林，是众多飞禽走兽和古老生物的竞技场与游乐园。

神农架飞鼠

白松鼠

白鹿

白熊

浑身是刺的豪猪

豪猪嘴脸像老鼠，背部和尾部长满了黑白相间的长刺，因此又叫箭猪。遇敌时，它会将刺竖起，抖出"沙沙"声恐吓敌人。如若敌人继续进犯，豪猪则会直冲过去将刺扎到敌人身上。

白化动物的世界

神农架的白化动物是一个未解之谜。人们在神农架先后发现了30多种白化动物，有白熊、白龟、白鹿、白蜘蛛等。它们的身体结构和同类一样，只有体色是异常的雪白色。这种白化在自然界很容易吸引天敌，还会造成怕光、眼球震颤等疾病，使得白化动物比正常的同类更难存活。

游人出西陵，楚地尽湖川

荆楚是壮阔长江的出闸口，鄂西的崇山峻岭如同束缚长江的最后一道枷锁。当游人乘船穿过江险水急、云山雾罩的西陵峡，从三峡的瓶口——南津关顺流而下时，满目皆是水天一色、平野无垠的平原景象，令人顿生天地翻转、豁然开朗之感。

三峡最险——西陵峡

西陵峡是长江三峡的最后一个峡谷，它西起秭归香溪口，东至宜昌南津关，长达76千米。峡内以滩多水急、礁石林立、航道曲折闻名于世，有青滩、崆岭滩等险滩，也有兵书宝剑峡、崆岭峡、灯影峡等美景。

"鬼门关"崆岭峡

崆岭峡是旧时西陵峡的"鬼门关"，这里水流湍急，暗礁众多，航道又窄。每当船行至此，都要慢速前行，可能走了几天，还在峡内打转。当地有民谣，"朝发黄牛（即南岸的黄牛山），暮宿黄牛，三朝三暮，黄牛如故"。

长江万里长，险段在荆江

荆江是指长江的荆州段，其中下荆江河道蜿蜒曲折，河水到此宣泄不畅，很容易淤积泥沙，引发洪涝灾害。而荆江两岸都是地势低洼的平原，人们不得不在江边筑起长长的防洪堤，最终围出了一条高出两岸的"地上河"。

灯影峡的"迎宾石"

在灯影峡南岸峰顶，伫立着酷似唐僧师徒四人的四块天生奇石，它们就像三峡的迎宾者。其中"沙僧石"重达100多吨的"大头"长在只有200多平方厘米的"小脚"上，令人叹为观止。

截弯取直和牛轭湖

1.   2.   3.   4.

1. 下荆江这种弯曲如蛇的河道，在河水的冲刷下，变得越来越弯。
2. 上下游河道的扭转处距离越来越近。
3. 洪水来袭，巨大的水势冲破河道扭转处，并冲出笔直的捷径向下游流去。
4. 原来弯曲的旧河道被河流抛弃，成为形似牛轭又似月牙的湖泊——牛轭湖。

千湖之省

湖北是淡水湖泊的天下，号称"江汉湖群""千湖之省"。其湖泊主要分布在长江与汉江之间的江汉平原上，数量接近上千个。

消失在历史长河中的云梦大泽

云梦泽是古代江汉平原上湖泊群的总称，在丰水期，它甚至能与南边的洞庭湖连成一片汪洋泽国，据说曹操还在这里操练过水军呢。但来自长江和汉江的泥沙日积月累，逐渐形成了平原和沼泽，于是云梦大泽消失，出现了江汉平原和江汉湖群。

客商云集的砖茶之乡

太平天国运动爆发后，万里茶路被拦腰截断，晋商中的茶商不得不寻找新的茶源地。很快，他们就在湖北羊楼洞发展起新的茶园和茶庄，粤商、徽商、英商、俄商等各路商人纷至沓来。

因茶而兴的羊楼洞茶镇

羊楼洞是湘鄂交界的小镇，在晋商进驻后，当地的种茶、制茶业得到迅猛发展，其中尤以砖茶质量最好、销路最佳。在极盛时，不足1平方千米的小镇，竟然挤下了300多家茶庄、20多个票号！

"盒茶帮"晋商

晋商是羊楼洞茶商的主力军，最初主要生产帽盒茶，即蒸热后人工脚踩而成的圆柱形茶块，因外形很像古代用来装帽子的帽盒而得名。晋商也因此被称为"盒茶帮"。

传统青砖茶制茶流程

1. 筛茶　　2. 选茶　　3. 风车分级
4. 制作砖茶　　5. 打包　　6. 装箱

砖茶大宗——青砖茶

青砖茶从帽盒茶演变而来，由外到内共有洒面、二面、里茶三层，原料质量依次递降。这是为了使砖茶的表面更平整光滑诱人，又因内部发酵程度更深，所以把茶形最紧致、色泽最乌青的茶叶放在了表层，而发黄发皱且多茶梗的二面和里料则被藏了起来。它们被分开蒸制，到压制时才拼合起来。

洒面 ★★★★★

里茶 ★★★

二面 ★★★★

九省通衢、东方茶港——
汉口茶市

从武汉出发，顺着长江上通川渝，下达上海，沿着汉江还能到达中原和西北。近代开埠后，英商和俄商纷纷从羊楼洞等地运来茶叶，再进行加工包装、出口，赚取高额利润。当时，汉口江滩码头林立，机器轰鸣，贩客云集，运工船行肩挑，茶工挥汗如雨，日夜喧嚣不止。

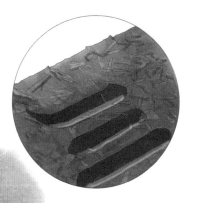

"川"字凹槽标志

细数砖茶上的"商标"

根据砖茶上的图案，我们可以辨别它的类型乃至生产商。像青砖茶，上面如果有"川"字凹槽，那必然是三玉川、巨盛川等晋商茶庄所产。而米砖茶因为主要生产商是外商，图案更西化。像"火车头"和"双锚"等图案则是俄商茶厂最常用的图案。

"火车头"标志

"牌楼"标志

宛如艺术品的米砖茶

米砖茶的原料是细如米粒的红茶末，压成茶砖后表面更细腻光滑，可塑性更强。还可以用模子压出复杂而清晰的图案，如凤凰、牌楼等。有些西方人甚至会把图案精美的米茶砖当作工艺品。

乡土茶俗情意浓

　　湖北既有"冷后浑"的宜昌红茶、使用蒸汽杀青的恩施玉露茶等传统名茶，也有奇特有趣的乡土茶，如热气腾腾而朴实的神农架吊锅子茶以及隆重的土家族四道茶等。这些茶各具特色，令人兴味盎然。

接地气的四言八句

　　分茶时，如果被分到有茶梗的茶水，别嫌弃，这可是中了"送财喜"，是好兆头。"中奖"的人这时必须即兴说一些吉祥话，如"送来一只船，船上扬起帆，一帆风又顺，岁岁得平安"。

热烈和气的神农架吊锅子茶

　　旧时，神农架每家火塘上常挂有铁饭锅、铜罐等吊锅子。煮茶时，先用铜罐烤香茶叶，再加水煮成"茶卤"，最后往茶卤中加入开水，就得到了第二道茶。它茶味最好，当地人称"烟吃头口，茶喝二道"。分茶时，先给德高望重的老人，再往下传。

蒸汽杀青造玉露——恩施玉露茶

　　恩施玉露茶是采用蒸汽杀青的绿茶。把茶叶放到茶盒中开蒸，蒸汽穿透力强，叶面升温快，只需数十秒就能完成杀青。而且可以避免炒青造成的烟焦味，对叶绿素破坏少，得到的茶叶更完整，颜色更青翠，茶味更鲜爽。

外形

茶汤

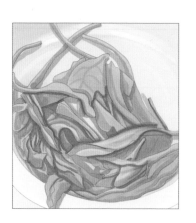

茶底

茶底

茶汤

干茶

1. 富硒绿茶

2. 泡儿茶

茶叶

炸米　　　晒干的土豆片　　　黄豆　　　花生

3. 油汤茶

4. 鸡蛋茶

待客"盛宴"——土家族四道茶

　　土家族四道茶就像一场待客盛宴：客来,先上富硒绿茶,生津止渴；次上香甜可口的餐前甜点——泡儿茶；油茶汤是正餐；最后的鸡蛋茶则是最高茶礼,只用来招待贵客。鸡蛋茶并不是茶,而是用三颗煮鸡蛋浇蜂蜜水做成的点心,寓意生活甜蜜美满。

茶汤

茶底

干茶

色翠

"冷后浑"的宜昌红茶

　　宜昌红茶干茶卷曲油润、密披金毫,汤色红艳。但若不趁热喝完,稍冷后茶面就会出现浑浊的乳凝状物体。这是红茶中的茶黄素、茶红素等色素遇冷后结合析出造成的,是红茶品质优良的体现。

物华天宝的古老茶区——江西

　　江西西有罗霄山，东有武夷山，南有南岭，北有长江。作为天然的分界线，赣江如同主动脉自南向北穿过全省，其支流又如毛细血管滋润大部分地方，最终纷纷汇入鄱阳湖。鄱阳湖丰水期广如大海，周边既有庐山、婺源等山水田园美景，也有省会南昌、古城九江、瓷都景德镇等繁荣城镇。历史上，陶渊明曾在此采菊东篱，王勃登滕王阁文传千古，李白遥望庐山瀑布诗兴逸飞，汤显祖叹浮梁名瓷荟萃！

天然田园山水画

在赣北，自西向东有庐山、鄱阳湖、景德镇、婺源、龙虎山等名山胜景。山以庐山为胜，是文人骚客最青睐的景点之一；田园则数婺源最具代表性，它有"最美乡村"的美誉。若把两者放到一个画面内，庐山秀美宜人，婺源清新古雅，形成了天然田园山水画。

白墙黛瓦的徽式建筑

婺源的建筑多是白墙黛瓦，墙高窗小，除了大门就靠天井采光，很像一个个被围起来的高堡。这样不仅美观，还能起到防火防风防盗的效果。

油菜花开春意浓

油菜花是春天的"贵客"，它花茎修长、花朵金黄，群花竞放时，犹如给大地铺上了一层黄金。而且它的花粉里含有丰富的花蜜，常常吸引众多蜜蜂、蝴蝶飞舞花间。每年三四月，婺源油菜花盛开时，来自各地的养蜂人都要不远千里前来逐花采蜜。

春光灿烂的婺源

婺源是个美丽的古村落，分布着大量徽式古建筑，小桥、流水、人家的景致在这里体现得淋漓尽致。一到春天，这里就好像变成了一幅清新的水彩画。蜿蜒的油菜花梯田随着山势起伏，山下点缀着白墙、黛瓦、石径的小村落里，炊烟袅袅，美不胜收。

秀出东南——庐山

庐山北接长江，东临鄱阳湖。山上有雄奇的断块山、清凉的飞泉、遮天蔽日的古树，常年掩映在云雾之间，秀出东南，宛如仙山。先后有一千多位诗人为它写下了四千多首诗歌，如陶渊明的"悠然见南山"、苏东坡的"不识庐山真面目，只缘身在此山中"，都是其中的千古绝句。

来去如风的小"刺客"——黄喉貂

黄喉貂像大号的黄鼠狼，嘴脸细长，四肢短小，身体轻盈，跑起来很快，甚至还能大跨度跳跃！它很善于利用自己"来去如风"的特点，成群结队围攻或偷袭各类动物，像敏捷的恒河猴和凶猛的大熊猫都曾被它重创过！

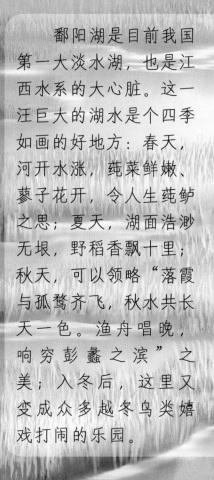

鄱阳湖是目前我国第一大淡水湖，也是江西水系的大心脏。这一汪巨大的湖水是个四季如画的好地方：春天，河开水涨，莼菜鲜嫩、蓼子花开，令人生莼鲈之思；夏天，湖面浩渺无垠，野稻香飘十里；秋天，可以领略"落霞与孤鹜齐飞，秋水共长天一色。渔舟唱晚，响穷彭蠡之滨"之美；入冬后，这里又变成众多越冬鸟类嬉戏打闹的乐园。

渔舟唱晚，响穷彭蠡之滨

美丽时尚的"哑巴鸟"——东方白鹳

东方白鹳是个瘦长的大个子，黑喙红腿，一身白羽衬黑尾。只可惜它没有喉管，不能发声鸣叫。当发现领地有"侵入者"时，它会不断开合、拍打上下喙，发出"啪嗒"声来吓走对方。

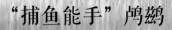

"捕鱼能手"鸬鹚

鸬鹚全身乌黑，脖子颀长，圆锥形的长喙是它的捕鱼利器。喙的前端有尖利的弯钩，可以像铁钩一样钩住猎物，然后往喉下的小囊吞装。鸬鹚还是捕鱼助手，渔夫用草环或铜环套住它的喉囊，使它只能吞下小鱼，留下大鱼。一头鸬鹚一年能捕鱼一千多斤，因此杜甫有诗云，"家家养乌鬼，顿顿食黄鱼"。

神奇的油脂

油鸭像鸭身鸟嘴的小鸭子，体内有发达的尾脂腺，可以分泌油脂。油鸭闲时会用喙把油脂涂到羽毛上，使羽毛保持光润和防水。

鄱阳湖上的"大钟"——石钟山

石钟山位于鄱阳湖与长江的交汇处，它其实是一南一北的两座石灰岩山，山体上尖下圆，下方已经被水流溶蚀成穹顶的溶洞，好像一个大钟。这里江水清冽，湖水浑浊，江湖两色，它们日夜不停地冲击拍打这个"大钟"的四壁，发出洪亮悠远的"钟鼓声"。

多雨的夏季，赣江、抚河、长江等都向鄱阳湖倒灌河水。因此，鄱阳湖呈现夏胖冬瘦的特征，夏季湖面有四千多平方千米，冬季枯水期时仅数百平方千米，人称"洪水一片，枯水一线"。

『夏胖冬瘦』的湖泊

最抗寒的野生水稻——东乡野生稻

东乡野生稻原生于鄱阳湖南侧的东乡县，是世界上生长纬度最北的野生水稻，非常抗寒。用它和其他水稻杂交而成的东野一号等品种，也是难得适宜长江流域的越冬耐寒水稻。

莼菜是水生蔬菜，长得很像睡莲，嫩叶口感嫩滑，适合调羹做汤。莼菜羹、鲈鱼脍是江南名菜。西晋文学家张翰还曾因为思念家乡的莼羹鲈脍而辞官归乡，因此后人用"莼鲈之思"指代思乡之情。

江南文人的思乡菜——莼菜

岁令茶俗大观园

生活在江西的人们根据不同时令发展出了形式多样的时令茶，如春节有甘甜的青果茶，元宵之夜有热闹的采茶歌和采茶灯巡游，惊蛰万物复苏则有"炒害虫"，立夏农闲家家相聚七家茶会，花样层出不穷。

盛极一时的浮梁茶市

唐宋时期，"瓷都"景德镇只是浮梁县的一个镇，因盛产茶叶和瓷器，商人纷至沓来，于是逐渐聚集成繁荣的茶市。附近祁门、婺源等地的茶叶也运到这里集散。

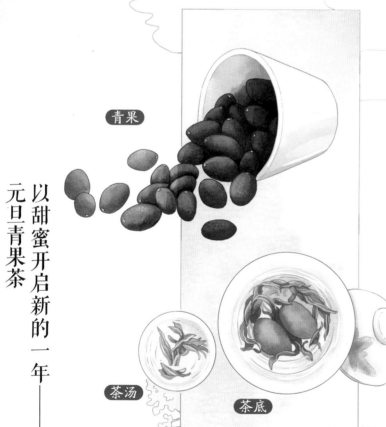

青果

茶汤

茶底

元旦青果茶

以甜蜜开启新的一年——

正月初一，江西人都会备好不少橄榄果，有人上门拜年时，就把它加到茶水里做成"青果茶"。客人吃茶时越嚼越甜，寓意新的一年生活清吉平安、越过越甜。

干茶

茶汤

茶底

庐山云雾茶

绿茶中的"辣妹子"——

庐山云雾茶的春茶正好在云雾最多的时段萌芽，这使得它长得慢、白毫多，积累的单宁（苦涩味）、芳香油类（香、辣味）也更多。趁茶芽肥壮时采下制成绿茶，茶味浓厚，甜中带苦，又有点辣。

茶篮灯笼

好茶也要整形提毫

很多卷形茶如庐山云雾、都匀毛尖等都会给茶叶"整形提毫"。即在炒茶时，用手握住茶叶搓团、摩擦，使茶条卷曲，茸毛竖立，最终紧细微卷、白毫显露。

1.用手握住茶叶搓团

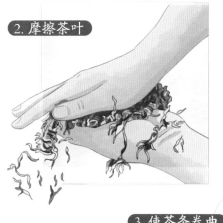

2.摩擦茶叶

3.使茶条卷曲

载歌载舞的元宵节茶篮灯

元宵时节月圆人也圆，赣南的客家人抓住春节的尾巴来了个大狂欢——茶篮灯。这是一种载歌载舞的表演形式，表演者手持彩扇或手巾，肩挑或手提茶篮灯笼，唱着优美的采茶歌翩翩起舞，舞蹈中还融合了各种采茶动作。

绿茶之都——浙江

　　从空中俯瞰，浙江就像一块被巨龟驮起来的陆洲，头朝东北侧卧，头顶喇叭状的杭州湾以及星星点点的舟山群岛，身上从西到东共驮着天目山、仙霞岭、雁荡山等三列平行大山，受山脉走向影响，钱塘江、瓯江等大河也自西南向东北入海。北部富饶的杭嘉湖平原盛产丝绸和茶叶，也是"人间天堂"杭州城和西湖美景的所在。人们忙时在此种桑麻、织布、制茶、修理沟渠，闲时游览湖山、寄情山水、品茶论道，打造出自然风光与人文景观交相辉映的人间佳境和绿茶之都。

海上有仙山

在浙江，山脉和海水亘古至今日夜斗争不止，山脉寸步不让，海水攻势猛烈，因此沿海的山脉如雁荡山、天台山不是被海浪海风打磨成悬崖峭壁，就是被海水淹没变成一个个岛屿，俯瞰就像仙山灵岛一般。

千岛之省

浙江的岛屿多达3000多个，其中大部分面积都在500平方米以上。它们主要分布在杭州湾、瓯江口等入海口附近，并以最大的舟山岛为首，南北呈链条状，东西排成列。

寰中绝胜——雁荡山

雁荡山好似一座火山运动遗迹博物馆。它的山峰是火山坍塌后留下的破火山，它的岩石是被滚烫岩浆浇灌过的火成岩，上面还曾发现远古时期的雁荡鸟化石。其东，大龙湫瀑布从近200米的高空喷涌而出，飞珠漱玉，不愧是"寰中绝胜"。

宛若素绢的大龙湫瀑布

大龙湫瀑布是细长如白绢、走势飘忽的"婉约派"。因雁荡山的火成岩很难留住降雨，造成大龙湫的水源面积小，瀑布水量也小，加上落差大，瀑布很容易受季节、风雨影响，时而势如破竹，时而飘然若仙。

橙红可爱的雁荡三角槭

三角槭又叫三角枫，叶子轻薄柔韧像纸做的，底部圆润，尾部都有三个尖角，好似一只三指胖手。雁荡山三角槭是其中一个变种，叶子更小巧可爱，一到秋天，便呈现出暗红或橙黄色。

琵琶嘴的白琵鹭

白琵鹭一身白羽，双腿黑长，还拖着一张又长又直的"琵琶嘴"。这张嘴也是它的捕鱼利器，它只需张嘴探到水底，边走边拖，就能轻松地猎到小鱼。

我国最大的群岛——舟山群岛

舟山岛犹如浮海巨舟横亘在长江口南侧、杭州湾外面，周围的六横岛、朱家尖岛、普陀山、岱山岛等大小岛屿，又像侍从护卫左右。它们共同构成了我国最大的群岛——舟山群岛。

水做的江南

江南何处寻？它是长江以南的湘楚吴越之地，是暮春夏初梅雨覆盖之所，更是才子佳人诗酒趁年华的梦中家园。水是江南的灵魂，它灵动而生机勃勃。这里既有气势如虹、如万马奔腾的钱塘江大潮，也有小桥流水、桨声灯影、粉墙黛瓦的烟雨迷蒙。白居易说："江南忆，最忆是杭州。山寺月中寻桂子，郡亭枕上看潮头。何日更重游？"苏轼说："春未老，风细柳斜斜。试上超然台上看，半壕春水一城花。烟雨暗千家。"

海宁观潮

钱塘江每个月都有两次大潮，尤以中秋节后两三天最为壮观。每年的这个时候，前来海宁观潮的人络绎不绝。未见潮影，先闻潮声。阵阵闷雷似的巨响后，只见潮头如一条铁链横锁江面，刹那间便后浪推前浪席卷而来。其声震耳欲聋，其势排山倒海，令人叹为观止。

占尽天时地利的钱塘江大潮

中秋时节，地球和日、月在同一直线上，使得日月的引潮力叠加，掀起最大的潮水。而钱塘江口像腹大口小的瓶子，东海潮水涌来时易进难退。特别是到海宁时河道突然变窄抬高，潮头受阻变缓，又被后浪推挤，最终变成轰鸣陡立的钱塘江大潮。

吴王治潮

钱塘江大潮虽然壮观，但难以被控制，时常冲破江堤，淹没杭州城区。直到五代时期，吴越国主钱镠带头建筑捍海石塘、兴修水利后，才解了人们的水患之苦。

烟雨江南

晚春初夏时节，浙江的白昼一天天变长，阴雨天也一日日增多。轻柔的雨水从白墙黛瓦的屋檐滴答落下，落在小巧玲珑的石拱桥边，轻快的乌篷船从桥下悠然划过，四周一片烟雨迷蒙，如在梦中。

江南石拱桥

江南河道纵横、村舍繁密，因此家家临水枕河、近桥通舟，各式各样的石梁桥和石拱桥构成了江南的独特景致。

杨梅赛荔枝

杨梅是江南五六月的佳果。它圆润可爱，颜色红艳，水分充足，酸甜适口，有"杨梅赛荔枝"的美誉。

水乡特色——乌篷船

乌篷船是江南水乡的特色。它船身狭长、两头微翘，中间的船篷用竹篾做成，涂得漆黑一片，因此叫作乌篷船。

黄梅时节家家雨

每年春夏之际，长江中下游地区既有北面来的冷空气，也有来自南面热带海洋的暖湿空气。两者相遇后，暖空气爬升到冷空气上面，并在爬升过程中逐渐被冷却凝结成连绵的雨水。因这时是梅子成熟的季节，所以人们称这段时节为"梅雨季节"。

欲把西湖比西子

西湖是人类改造自然的绝世佳作，兼具自然和人文之美。白居易、苏轼都曾梳理过它的"鬓发"。人们世世维护，代代修葺，才雕琢出这一风姿绰约、天人合一的人间仙境。这里春有"西湖十景"，美不胜收，令人流连忘返。

三潭印月

三潭印月岛是一座水上园林，岛南水中有三座球身葫芦顶的五孔石塔。中秋夜，塔内烛火透孔而出，与水月相映，形成"明月映深潭，塔分三十二"的奇观。

花港观鱼

花港是一个大公园，园内栽花养鱼，风起时，沿岸落英缤纷，漂浮于池水之上，与游鱼相映成趣。

曲院风荷

曲院在苏堤北端，靠近西湖水源金沙涧，湖内有百种莲花。

平湖秋月

观赏平湖秋月，要到孤山湖滨的观景楼。每逢秋高气爽，登楼远观，但见皓月当空，湖面平静如镜。

柳浪闻莺

柳浪闻莺是西湖东南岸的一个大型公园，园内垂柳成荫，迎风飞舞，轻巧的黄莺穿梭于柳帘花丛之中，啼声婉转。

三潭印月

花港观鱼

平湖秋月

曲院风荷

柳浪闻莺

雷峰夕照

双峰插云

雷峰塔是西湖南岸的古塔，因建在雷峰上得名。每当夕阳照在塔上，塔影横空，如身披彩霞，光芒万丈。

双峰一南一北耸立于西湖西北，既可在山上俯瞰西湖，又可从西湖远眺双峰。

双峰插云

南屏晚钟

南屏山在雷峰塔南面，山下是古刹净慈寺。每日寺僧敲响晚钟，钟声经过山间的空穴怪石激荡，穿越苍茫暮色，悠远清扬。

断桥残雪

断桥残雪

断桥是西湖雪景的绝佳观赏点。隆冬时节，石桥两侧都被白雪覆盖，只有石桥的最高处日照雪融，露出褐色的桥面，就像桥断了一样。

南屏晚钟

苏堤春晓

苏堤春晓

苏堤是苏东坡疏浚西湖时用湖泥筑成的长堤，沟通西湖南北。每到阳春三月，堤上薄雾蒙蒙，桃红柳绿，繁花似锦，楼阁石桥掩映其中，尽显西湖旖旎春色。

与众不同的"特色"绿茶

绿茶不总是绿的，也有其他颜色的绿茶，如采用紫色茶芽制成的紫笋茶和用白化茶叶制成的安吉白茶，一个紫气逼人，一个嫩黄偏白。杭嘉湖地区还有绿（绿茶）、碧（青豆）、红（胡萝卜干）、玉（豆干）、紫（紫苏）等五彩多样的青豆茶。

贵气十足的紫笋茶

紫笋茶是茶芽紫色、茶形如笋的绿茶，以浙江顾渚紫笋茶和江苏阳羡（今宜兴）紫笋茶最为有名，它们都产自太湖西畔。阳羡茶最先成名，卢仝称赞它"天子未尝阳羡茶，百草不敢先开花"。顾渚紫笋，被陆羽列为仅次于蒙顶山茶的天下第二名茶。

干茶

茶汤

鲜茶

规模盛大的祭茶会

770年，顾渚山上建起了一座规模宏大的贡茶院，每到茶季，茶山上旗帜飘扬，车马络绎不绝，行人川流不息。湖州、常州刺史等地方官和社会名流常领众人祭拜茶神。白居易也曾被邀参会，"青娥递舞应争妙，紫笋齐尝各斗新"就是他描绘当时的盛景。

十日王程路四千——急程茶

唐代贡茶要求在清明节前送达长安，而从顾渚到长安远达四千里。因此，每年送茶的队伍都要提前至少十天出发，每天平均也要走四百里，不可谓不紧急，所以又叫"急程茶"。

46

茶叶中的提鲜物——
茶氨酸

我们喝茶时，品到的甜味来自糖类，苦涩味来自茶多酚，鲜味则来自茶氨酸。茶氨酸是氨基酸的一种，易溶于水，具有焦糖的香味和似味精的鲜味，既能给茶水提鲜又能缓解苦涩味。

干茶

安吉白茶冲泡方法

安吉白茶茶叶细嫩，叶张较薄，冲泡水温不宜太高，80℃～85℃为宜，也忌长时间浸泡。

1. 投放 3g 茶叶。

2. 加入 50ml 热水。

3. 摇香浸润茶叶。

4. 加水八分满后饮用。

茶汤

「白化绿茶」——
安吉白茶

安吉白茶是用白茶芽制成的绿茶。它在春寒时发白芽，这时茶叶中的氨基酸含量最高、茶多酚最少，使得安吉白茶比一般的绿茶更鲜、更甜爽。

茶底

咸香的绿茶小吃——
青豆茶

水稻快成熟时，余杭、德清的人们就会选取鲜嫩饱满的毛豆，加盐煮熟，再用炭火熏干。冲泡绿茶时，把熏好的青豆和盐橘皮、白芝麻、紫苏籽、胡萝卜干等"茶里果"一起加入茶水中，就得到了咸香可口的青豆茶。

盐橘皮

胡萝卜干

紫苏籽

白芝麻

从来佳茗似佳人——西湖龙井

西湖美景和龙井香茶是杭州的一对闪亮招牌。龙井茶产于西湖的朦胧春色之中，经由十大手法炒制塑形，浸润于虎跑泉水之中。若身临其境品茶一杯，口舌可以尝到水甜茶香，眼睛可以领略湖光山色。

"龙井"原来是个山泉

龙井既是茶名，又是地名和泉名，但它们都源于西湖风篁岭上的一汪龙井泉。它是岩溶泉，水质清澈、甘甜，终年不干涸。传说古时每逢大旱，人们常来此祈雨，大多灵验。于是人们渐渐认为此泉连通大海，内有神龙，就称它为"龙井"了。

龙井泉

龙井茶

干茶

茶汤

龙井山

早采三天是宝，迟采三天变草

西湖龙井茶讲究嫩，因此采茶的时间点很重要，以清明前和谷雨前采制最佳，越早价格越高。

品龙井茶，感官的盛宴

龙井茶有形美、色翠、香郁、味甘四绝。泡茶前，先欣赏它光滑翠绿的外表，再用80℃～90℃的虎跑泉水冲泡。只见形如花苞的茶叶沉浮不定，一股清新浓郁的茶香伴着水气扑鼻而来，满室飘香。

杭州的古井和名泉

因为靠近海，旧时杭州的水源都有着海水的咸苦味，井水和泉水才是城内居民的主要饮用水源。而那些来自岩缝的山泉水如龙井泉和虎跑泉等，弥足珍贵，是冲泡西湖龙井的最佳用水。

"团结"的虎跑泉水

如果往一杯虎跑泉水中不断投入石粒，最后水面会凸出却不溢出，就像一个透明的瓶盖。这皆因它纯净低温、矿物质丰富，水分子特别团结（密度大），不容易被冲散，才形成了这种向内收缩的表面张力。用它冲泡龙井茶，可使茶味少受杂质影响，汤色也更清亮。

龙井茶常用泡法——凤凰三点头

利用手腕力量将水壶由低而高连续起落，反复三次，让茶叶在水中翻动。"三点头"就像三鞠躬，表示对客人的尊重。

茶形直立

茶形舒展

VS

单芽

一叶一芽

莲心与旗枪冲泡10分钟的茶汤

明前茶与莲心

在惊蛰后、清明前采摘的茶叶最嫩。此时茶树初吐嫩芽，形如莲心，至少需要4斤嫩芽才能炒制出1斤干茶。

雨前茶与旗枪

雨前茶是谷雨前采制的绿茶。这时气温渐升，茶树已经长到一芽一叶，叶如旗帜，茶芽如尖枪，称"旗枪"，积累了更多的茶多酚和糖类。

龙井美食——龙井虾仁

相传，乾隆有一次到杭州某酒楼微服私访。他内穿的龙袍露出了一角被老板发现，慌乱之下，老板将龙井茶当作葱花撒到了虾仁锅里。不料这道"新菜"颜色清新且口感鲜香，让乾隆赞不绝口，因此流传至今。

我国地势最低的茶区——江苏

江苏省内除了北部和西南边缘有些低山丘陵，其余都是一马平川的平原和湿地，长江、淮河自西向东穿省而过，繁忙的京杭大运河贯通南北，澄澈的洪泽湖、高邮湖、太湖如珍珠错落其中。这样水土丰美的地方，自古以来就是富庶之地。以长江为界，苏南多柔美灵动，苏北偏雄浑大气，两者熏陶之下，就连这里的茶文化也带着雅俗共赏的意味，别具一格。

半壁河山是湿地

湿地是陆地和水体的过渡地带，水深数米的江河湖海及其周边的滩涂沼泽都属于湿地。它就像一块海绵，洪水期大量吸纳水分，到干旱期又用这些水分补给周边，是调节水分平衡的大功臣。江苏拥有四千多万亩湿地，接近一个海南岛那么大。

太湖之滨，鱼米之乡

太湖如同一个被咬掉半边的苹果，砸在江浙中间。因为没有大型河流汇入，少有泥沙淤积，湖水清澈如镜，成为江南的鱼米之乡。

美味可爱的小"毒物"——河豚

河豚体形椭圆，身上密布小刺。每当受惊，就会迅速膨胀成圆球，小刺根根竖立。它的肉洁白鲜嫩、蛋白质丰富，只是体内含有剧毒，需要去除头、皮、内脏，洗掉血液，并经长时间高温加热才能安心食用。

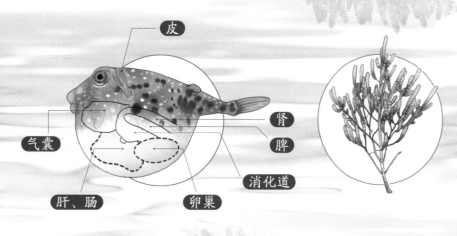

皮

肾

脾

消化道

气囊

肝、肠

卵巢

有毒部分

最耐盐碱土的植物——盐角草

盐角草能在盐度高达0.5%~6.5%的盐碱土中茁壮成长。这是因为它是肉质植物，没有叶子，茎部又薄，水分流失少，气孔一直张开，蓄水量大，可容盐分高。

被海水泡「咸」的海滨——盐碱滩

江苏的沿海地带一直被海水反复浸泡，土壤含盐度很高，形成盐碱滩。而盐碱又是植物生长的大敌，只有一些耐盐的盐生植物如盐角草、碱蓬等，以及可将盐分排出的泌盐植物能够存活下来。因此，这里的生态系统比较单一，动物种类也比较少。

拒绝盐分的獐毛

獐毛是典型的泌盐植物，能够大量吸收盐分，但不会在体内积累，可通过体内的分泌腺将盐分排出，就像我们排汗一样。

湿地之神——丹顶鹤

丹顶鹤是集合了美丽、长寿、忠贞等美好象征的瑞鸟。它体型颀长，身披白羽衣，颈戴黑色"围脖"，头顶"红冠"，仙气飘飘。

劫后重生的麋鹿

麋鹿在汉代已经濒危，元、清时期所剩无多的野生麋鹿又被收入皇家猎苑，最终被八国联军劫杀一空。直到1985年，我国从英国重新引进麋鹿繁殖，它才重归故土。如今，江苏大丰的麋鹿保护区内已经有上千头麋鹿了。

沟通南北的黄金水脉——京杭大运河

  我国大部分河流都是自西往东流的，因而贯通南北的京杭大运河就显得独具特色。它北起北京，南至杭州，穿越京、津、冀、鲁、苏、浙六地，沟通黄河、海河、淮河、长江、钱塘江五大水系，是古代南北交通的黄金大动脉，将南方的物资、人才源源不断地输送至北方，又通过南来北往的人们将各地民俗文化融会贯通，造就了一批繁荣的沿岸城镇和别开生面的运河文化。

  京杭大运河先后经过了三次大修。春秋时，吴王夫差为攻打齐国，修建了淮安到扬州的邗沟，这是大运河的源起。至隋代，又将运河扩建成以洛阳为中心的"人字形"，贯通南北。元朝时，大运河舍掉了洛阳段，从大都直通杭州，才有了今天几乎呈"一字形"的大运河。

大运河不是一日建成的

浩浩荡荡的漕船

  漕船是古代官府用来调运粮食的船只，元、明、清三朝都很依赖大运河进行南粮北运。当时每年过往漕船达数万艘。

唱起号子拉起纤

  在运河逆流河段，船行少不了纤夫。纤夫通常多人一组，由熟悉航道的领号带头喊号子，提醒众人背上纤，大家纷纷应和，跟着号子的节奏一步一步拉着船走，可以使拉纤轻松不少。

别开生面的运河民俗

京杭大运河就像一位母亲，哺育了一代又一代依河而居的人们。只要运河通行一日，沿岸的渔民、船夫、脚夫、纤夫、码头工、镖师们就有一日的营生。他们世代围绕运河劳作、生息，形成了运河人独特的生产、生活习俗。

有趣的鱼贩交易"暗号"

运河的鱼贩做买卖都有"暗号"，如卖鱼的会在船头用高杆挂件衣服，而买鱼的船则是挂倒立的篮子。

给新船"办喜事"——交船头

每当新船投产，船家都要办个热闹的"交船头"。当日，给新船披红绸花球、贴对联、插花旗，在锣鼓鞭炮声中下水试航，寓意乘风破浪、逢凶化吉。

技高人胆大的镖师

运河沿岸人口流动大、物资周转频繁，因此，保障财货、人员安全的镖师就应运而生了。镖师武艺高强，人脉很广，富有江湖侠气。

姑苏城内美如画

"君到姑苏见，人家尽枕河。古宫闲地少，水港小桥多。"水是苏州的特色，自伍子胥建城以来，这里就水道纵横，民居前河后街，小巧的石桥和轻快的小船比比皆是。

留驻在唐诗里的唯美苏州——枫桥夜泊

756年的一个秋夜，苏州寒山寺外的枫桥边，羁旅诗人张继坐在客船上仰望夜空。月落枝头，乌鸦低鸣，不远处传来寒山寺的钟声，令他倍感孤寂，不禁想起自己人生的失意，于是吟出了流传千古的《枫桥夜泊》。

园景的画框——月洞门

月洞门是苏州园林里的大"画框"。它圆如满月，没有门禁，常设在院落之间作隔断门。

满身窟窿的太湖石

太湖石盛产于太湖，其经过长时间的水土侵蚀和风化，软层被磨掉，硬层保留下来，变成了"瘦、皱、漏、透"的窟窿奇石，它常被用来营造园林假山。

苏州园林甲天下

苏州园林是写意的杰作，小巧精致，风雅可人。园内叠太湖石为假山，引河川湖泊之水为湖池，中间环绕亭台水榭，遍植奇花珍木，院落之间还有白墙、月洞门相隔断，曲径通幽，一步一景，富有层次变化和意境之美。

苏州园林之冠——拙政园

拙政园是我国最大的私家园林，分西、中、东三部分，西园雅致，东园富有田园风光，中园叠山理水，亭台水榭错落，疏朗自然。

昆曲、园林两相宜

昆曲以婉转柔和的"水磨腔"著称，抒情性强，动作细腻，《牡丹亭》就是其中的名作。江南水乡的楼船，苏州园林的亭台，都是适合表演昆曲的场所。

中国古代文人的"爱石癖"

太湖石是我国古代文人的心头好，他们借赏石修身养性，寄托审美情趣。白居易是最早推崇太湖石的诗人，掀起了文坛赏石风。宋代"石痴"米芾拜太湖石为兄长；宋徽宗爱石成癖，曾命人在江浙搜集奇花异石，修建皇家园林艮岳。

苏中多名泉

唐代时，品泉大师刘伯刍根据泉水的品质（清、活、轻）和味道（甘、冽）评出了"天下六大名泉"，其中中冷泉、惠山泉、观音泉都位于江苏。这些经过自然过滤的山泉水，冷冽味甘，无疑是上等的泡茶用水，令历代好茶者趋之若鹜。

扬子江心水——中冷泉

中冷泉在镇江金山寺外，原是长江中的泉眼。要用特制的铜瓶，用长绳捆着抛到江水深处，才能取到真正的泉水，因此弥足珍贵。后来长江变迁，中冷泉才变成了陆上泉。

中冷泉

虎丘山上有宝藏

虎丘山有两口水源相通的名泉——观音泉和剑池。传说吴王阖闾的墓就在剑池之下，并有鱼肠、专诸等宝剑陪葬，引得秦始皇、孙权派人凿石取剑，才变成了深涧。

剑池

观音泉

泉水中的"奢侈品"——惠山泉

惠山泉分上、中、下三池，其中八角形的上池水质最为甘洌。自陆羽和刘伯刍将它的名声打响后，惠山泉就成了古代文化界的"奢侈品"。唐代宰相李德裕就曾利用驿站千里运水，苏轼也慕名而来品饮。

石螭首

八角形上池

有钱人的保水法——拆洗

惠山泉水经过长途运输，水质会变差。为此，古人想出了"拆洗"的保水法。泉水运达后，往竹管内填入砂石，制成过滤管，再往管内倾倒泉水，反复过滤。

传世之作——
二泉映月

民国时，盲人音乐家阿炳常来惠山泉听泉水叮咚，由此创作了名曲《二泉映月》。他早年双目失明，一度流落街头卖艺，因此曲中既饱含内心的忧愤，也有对美好人生的祈盼。

自制惠山泉

古时交通不便，因此又有人想出了"自制惠山泉"的办法：准备一缸冷开水，白天将它放到院子的背阴处，夜晚打开盖子接受月光露水，连续三晚。据说用它煮的茶味道和惠山泉很相似。

1. 白天放置背阴处　　2. 夜晚接受月光露水

3. 品饮

扬州茶馆真有趣

流转千年的大运河给扬州带来了足够的富庶和繁华，它既是美食之城，又是艺术之都，曾引李白的故人"烟花三月下扬州"。人们随意走进一间茶馆，就可以品味制作精细、清新鲜美的扬州早茶，听取风雅动人的苏扬弹词！

早晨皮包水，晚上水包皮

悠闲的扬州人很会享受生活。早晨，来茶馆享用热茶美食，像母鸡孵蛋般消磨半天，这就是"孵茶馆"。入夜后，再转战澡堂子，享受温水泡浴、搓背修脚的放松。

风雅动人的苏扬弹词

说书人身穿旗袍或长衫，手持小三弦或琵琶自弹自唱，动作不疾不徐，唱腔细腻柔缓，娓娓道来，悦耳动人。这就是江苏弹词的魅力所在了，扬州弹词和苏州弹词是其中的代表。

旧时的"热水器"——老虎灶

老虎灶的炉膛像血盆虎口，灶上有烧水用的小锅和温水用的大锅，烟囱连接屋顶高高耸起。

人气最高的主食——阳春面

阳春面是江苏的人气面食，细长的面条如梳好的龙须，卧在浓骨汤、葱油和虾米之中，汤、面融合如一，爽滑鲜美。

现炒白果

茶客刚喝上茶，就有小贩来兜售白果了。只见他一头挑着白果桶，一头是小锅炉、铁锅等厨具，现做现卖。

必点冷盘——烫干丝

烫干丝是扬州早茶的主冷盘。将烫熟的白豆干丝切得整齐均匀，比火柴棍还细，配上姜丝、香菜、麻油。它色彩素雅，口味清爽，很适合佐茶。

三江水煮三省茶——魁龙珠

魁龙茶是用浙江龙井、安徽魁针和扬州珠兰花茶窨制的特色茶，一般用运河水冲泡。因运河连通黄河、淮河和长江，所以有"三江水煮三省茶"之说。

淮扬名点——三丁包

三丁包是扬州点心的代表：面皮洁白如雪，口感细软而有嚼劲；馅料混合了鸡肉丁、猪肉丁和笋丁，肉味香浓，肥而不腻，咸中带甜。

烫干丝

魁龙珠

三丁包

千层油糕

阳春面

现炒白果

翡翠烧卖

雅俗共享的苏茶

苏南是江苏茶叶的主产区和茶文化的繁荣之地，这里既有碧螺春、阳羡雪芽等名优绿茶，也有充满乡土风味的阿婆茶，可谓雅俗共赏。

"吓煞人香"碧螺春

传说最初采茶人将它装在怀里，不料茶遇热气，异香扑鼻，于是大家纷纷称它为"吓煞人香"。后来康熙南巡，觉得此名不雅，根据它"色泽碧绿、卷曲如螺"的特点改名为"碧螺春"。

茶果间作造奇香

碧螺春的浓香源于延续千年的茶果间作模式。早在唐代，太湖洞庭山的茶农就将茶树和桃李杏梅等果树交错种植，这样果树既能为茶树遮蔽风霜烈日，也可使茶独具天然花香果味。

茶底

干茶

茶汤

茶、水投放分次序——绿茶的三种泡法

上投法

先水后茶的上投法，最适合碧螺春这种细嫩紧结、茶身较重的绿茶。

中投法

先加部分水再投茶，最后注满水，能使茶叶舒展、茶味尽出，是西湖龙井的常用泡法。

未吃阿婆茶，不算到周庄

　　阿婆茶是水乡周庄的饮茶风俗。每当农忙结束，村里的妇女就会三三两两聚在一起开起乡土茶话会。一群人边喝茶吃点心，边拉家常、做针线活，一派温馨和谐。

乡土茶点也美味

　　阿婆茶的茶点多是粗糙的"乡土货"，但品类不少，美味不减。常见的有咸菜苋、菊红糕、酥豆、酱瓜等。

祖传的古老茶具

　　周庄人喝茶爱用古朴的茶具，煮水要用陶器瓦罐，茶壶是祖传的铜吊，风炉是稻草和泥糊成的，还有天青色的青花瓷盖碗和茶盘。

下投法

先放茶叶后注水，称下投法，适合普通绿茶。

图书在版编目（CIP）数据

茶，一片树叶里的中国. 名茶辈出江南茶区 / 懂懂鸭著. --北京：电子工业出版社，2023.8

ISBN 978-7-121-45982-5

Ⅰ.①茶⋯ Ⅱ.①懂⋯ Ⅲ.①茶文化—中国—少儿读物 Ⅳ.①TS971.21-49

中国国家版本馆CIP数据核字（2023）第130027号

责任编辑：董子晔

印　　刷：北京盛通印刷股份有限公司

装　　订：北京盛通印刷股份有限公司

出版发行：电子工业出版社

　　　　　北京市海淀区万寿路173信箱　邮编：100036

开　　本：889×1194　1/12　印张：24　字数：532千字

版　　次：2023年8月第1版

印　　次：2023年8月第1次印刷

定　　价：248.00元（全4册）

凡所购买电子工业出版社图书有缺损问题，请向购买书店调换。若书店售缺，请与本社发行部联系，联系及邮购电话：（010）88254888，88258888。

质量投诉请发邮件至zlts@phei.com.cn，盗版侵权举报请发邮件至dbqq@phei.com.cn。

本书咨询联系方式：（010）88254161转1865，dongzy@phei.com.cn。

·作者团队·

懂懂鸭是飞乐鸟品牌旗下的儿童原创品牌，由国内多位资深童书编辑、插画师、科普作家协会成员组成，懂懂鸭专注儿童科普知识的创新表达等相关研究，坚持做中国个性的儿童原创科普图书，以中国优良传统美德和深厚的文化为核心，通过生动、有趣的原创插画，将晦涩难懂的科普百科知识用易读、易懂的方式呈现给少年儿童，为他们打开通往未知世界的大门。近几年自主研发一系列的童书作品，获得众多小读者的青睐，代表作有《国宝有话说》《好吃的中国》等，并有多个图书版权输出到日本、韩国以及欧美的多个国家和地区。